中國地理繪本

遼寧、吉林、黑龍江

鄭度◎主編　黃宇◎編著　卡塔爾・茲納◎繪

中華教育

責任編輯　梁潔瑩　劉萄諾

裝幀設計　龐雅美

排版　龐雅美

印務　劉漢舉

中國地理繪本

遼寧、吉林、黑龍江

鄭度◎主編　黃宇◎編著　卡塔爾・茲納◎繪

出版 / 中華教育

香港北角英皇道 499 號北角工業大廈 1 樓 B 室

電話：(852) 2137 2338　傳真：(852) 2713 8202

電子郵件：info@chunghwabook.com.hk

網址：http://www.chunghwabook.com.hk

發行 / 香港聯合書刊物流有限公司

香港新界荃灣德士古道 220–248 號荃灣工業中心 16 樓

電話：(852) 2150 2100　傳真：(852) 2407 3062

電子郵件：info@suplogistics.com.hk

印刷 / 美雅印刷製本有限公司

香港觀塘榮業街 6 號海濱工業大廈 4 樓 A 室

版次 / 2023 年 1 月第 1 版第 1 次印刷

©2023 中華教育

規格 / 16 開 (207mm x 171mm)

ISBN / 978-988-8809-14-1

目錄

※ 中國各地面積數據來源：《中國大百科全書》（第二版）；

中國各地人口數據來源：《中國統計年鑒2020》（截至2019年年末）。

※ ◎為世界自然和文化遺產標誌。

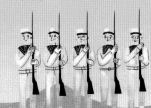

遼瀋大地——遼寧

省會：瀋陽
人口：約 4352 萬
面積：約 15 萬平方公里

遼寧省，簡稱遼，位於中國東北地區南部。這裏有肥沃的土地資源和悠久的歷史文化，古有「奉天省」之稱。

楓樹

本溪市楓樹遍佈，被譽為「中國楓葉之都」。

撫順露天礦

撫順曾是著名的「煤都」，建有大型煤礦。

盛京三陵

中國清代皇家早期陵寢。清永陵、清福陵、清昭陵並稱為盛京三陵，也稱「關外三陵」。

美食

凍秋梨、酸菜汆白肉、麻辣拌、小魚貼餅子等是當地特色美食。

鞍山

中國重要的鋼鐵工業基地之一，被稱為「鋼都」，是鞍山鋼鐵集團公司所在地。

本溪水洞

洞水常年不涸，清澈見底，可以行舟。

鞍山南果梨

冷杉

冷杉耐陰性強，耐寒，喜涼潤氣候。

牛河梁遺址

新石器時代紅山文化遺址，發現了豬龍環狀玉飾等文物。

地形地貌

地勢東西高，多山地、丘陵；中部低，為遼河平原。

氣候

大部分屬溫帶大陸性季風氣候，南部屬暖溫帶濕潤氣候。

自然資源

煤、鐵資源豐富。

滿族服飾

旗頭

馬蹄袖袍褂

高底花鞋

小遙：

爸爸說與城古城是建於明代的古城之一，他還給我講了袁崇煥獲寧遠大捷的故事呢。

希希

袁崇煥

二人轉

　東北地區的一種獨具特色的民間藝術。

在美麗的邊境城市丹東，鴨綠江上的鴨綠江大橋（也叫中朝友誼橋），與鴨綠江斷橋共同組成丹東市的地標式景點。

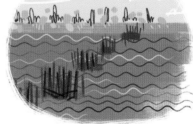

鴨綠江浮橋遺址

　鴨綠江上有一排木椿橋墩，是抗美援朝志願軍搭建木質浮橋跨過鴨綠江留下的遺址。

天女花

　俗稱「天女木蘭」，主要分佈在遼寧等地。

「關外」名城 —— 瀋陽

瀋陽，別稱盛京、奉天，是遼寧省的省會。

瀋陽故宮中，大政殿前兩側的十王亭是八旗制度在宮殿建築上的體現。

瀋陽故宮

瀋陽故宮，是清太祖努爾哈赤和清太宗皇太極的宮殿，即盛京宮闕。它融匯了漢族、滿族和蒙古族的建築風格，為中國現存僅次於北京故宮最完整的古代帝王宮殿建築羣。

崇政殿

俗稱「金鑾殿」，是皇太極接受朝賀、處理政務之處。

大政殿

皇帝舉行大型慶典和集會的地方，也是皇帝與八旗諸王和大臣議政之處。

鳳凰樓

鳳凰樓正門上懸掛着乾隆皇帝御題的「紫氣東來」匾。

滿族剪紙

4

體驗濃郁的滿族文化

　　滿族同胞擁有自己民族的服飾、文字、樂器、舞蹈和飲食特色。每當他們的節日頒金節來臨，他們會穿上滿族的服飾，跳起傳統舞蹈來慶祝節日。

八旗制度

　　清代滿族社會的一種「兵民合一」的特殊組織形式。「八旗」包括正黃、正白、正紅、正藍四旗及鑲黃、鑲白、鑲紅、鑲藍四旗。

腰鈴

滿族特有的樂器之一。

八角鼓說唱

　　滿族的一種傳統的曲藝形式，伴奏樂器主要是八角鼓、三弦。

鷹獵

　　馴化獵鷹是滿族同胞的一種傳統技藝。

薩其瑪

　　滿族的一種傳統糕點。

繁華的商業街 —— 瀋陽中街

　　瀋陽中街是瀋陽最早的商業街，有「東北第一街」的美稱。街道兩旁匯聚了很多老字號店舖，沿街胡同裏散佈着各種小商品店，還有老邊餃子、中街冰點等美味。

瀋陽怪坡

　　一條上坡容易下坡難的怪坡。

明明是上坡路，怎麼像在下坡一樣？

遼東半島的一座海濱城市

美麗的大連地處遼東半島南部，東臨黃海，西瀕渤海，是一座海濱城市。這裏風景宜人、物產豐富，有「北方明珠」的美稱。

星海廣場

星海廣場是紀念香港回歸的主要建設工程，是大連的標誌性建築之一。三條環形道路將其分割為不同的區域，音樂噴泉悅目怡耳，草坪被修剪出美麗的花紋。廣場上雕塑很多，有百年紀念城雕、各種主題的銅人雕塑等。

龜裂石

龜裂石因岩石表面有龜裂狀網紋，酷似龜背而得名。

金石灘

大連金石灘以多奇特的海蝕地貌著名，岸邊有很多奇形怪狀、覆滿貝類的礁石。

恐龍探海景觀

旅順口

旅順口為中國北方軍港，是不凍良港，清代為北洋艦隊基地，是重要的海防要塞。

旅順口港西有老虎尾半島，該島因形似老虎尾巴而得名。

蛇島

俗稱「小龍山島」，因島上生活着很多蝮蛇而得名。

大連貝雕

用貝殼雕刻成的裝飾品。

大連老虎灘海洋公園

大連老虎灘海洋公園裏，有以展示珊瑚礁生物羣為主的大型海洋生物館——珊瑚館，有展示極地海洋動物的極地館，有半自然狀態的人工鳥籠——鳥語林，也有大型跨海空中索道。乘坐索道，人們可以觀看到秀麗的山海景色。

大連富產海鮮，你如果有機會，一定要來品嚐喔。

不一樣的沿海景觀

遼東灣是中國渤海的三大海灣之一，也是中國緯度最高的海灣。海邊多灘塗、蘆葦蕩和鹽鹼地，呈現出與中國南方地區不一樣的沿海景觀。

三礁攬勝

興城海濱景區內的景觀，由三座棧橋相連的三塊礁石組成。

濱海蘆葦濕地景區利用大面積的蘆葦蕩，修建了葦海迷宮。

龍回頭與興海棧道

龍回頭景觀位於興城市，依山傍海、風光秀美。觀景台下建有興海棧道，走在棧道上，遼闊的海與林木繁茂的山全部映入眼簾。

濱海蘆葦濕地和紅海灘

盤錦濱海蘆葦濕地內有大面積的蘆葦蕩，眾多珍稀鳥類在這裏生活繁衍，如丹頂鶴、黑嘴鷗、震旦鴉雀等，牠們為這裏增添了勃勃生機。盤錦紅海灘位於濕地內，海灘上生長着大面積的紅色翅鹼蓬，遠遠望去，就像一張巨大的紅地毯平鋪在海邊。

震旦鴉雀

中國特有的一種珍稀鳥種，只生活在蘆葦蕩中，因數量稀少得名「鳥中大熊貓」。

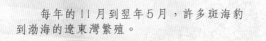
每年的 11 月到翌年 5 月，許多斑海豹
到渤海的遼東灣繁殖。

錦州筆架山和「天橋」

錦州的筆架山是一座道教名山，因三座山峯形如筆架而得名。從海岸通往筆架山的小路隨着潮汐漲落時隱時現，被稱為「天橋」。

盤錦河蟹味道鮮美，蟹香純正。

斑海豹

體背的顏色較深，顯著地佈有暗色橢圓形點斑，看着很是可愛。

翅鹼蓬

踏上長長的九曲廊橋，你可以近距離觀賞紅海灘。

中國製造在這裏脫胎換骨

在中華人民共和國成立初期，東北三省曾像一位老大哥一樣，以強大的重工業支撐起中國工業的半邊天，如今它們仍然發揮着重要的作用。

中國人民解放軍海軍遼寧艦

2012年，中國第一艘航空母艦——中國人民解放軍海軍遼寧艦正式服役。它的前身是「瓦良格」號，在大連船舶重工集團有限公司經過了六年的改造。

殲-15艦載機在遼寧艦上起飛時，兩名身穿黃色馬甲的艦載機指揮員同時指揮，他們的姿勢被人們驕傲地稱作「航母style」。

中國人民解放軍海軍鄭和號訓練艦是中國自行設計建造的第一艘遠洋航海訓練艦。

大連港汽車碼頭上等待被運往各地的汽車

中國第一架噴氣式殲擊機

瀋陽被譽為「中國殲擊機的搖籃」。瀋陽飛機工業集團和中國航空工業瀋陽所創造了中國航空史上一個又一個「第一」。中國自主生產的第一架噴氣式殲擊機殲-5就是在瀋飛集團生產的。

中國第一汽車集
團有限公司製造出的
中國第一輛「解放」
牌汽車。

不朽的汽車品牌 —— 紅旗

　　1958年8月1日，中國第一輛「紅旗」牌轎車誕生。對中國人而言，
「紅旗」不僅是一個著名的汽車品牌，還凝聚了厚重的民族情感。

中國一汽集團
的車間內，有很多
自動化生產設備。

機牀製造

　　機牀是製造機器的機器，是先進製造技術的
載體。在中國東北地區，有瀋陽機牀股份有限公
司、齊齊哈爾二機牀（集團）有限責任公司等企
業，生產了很多大型機牀。

數控機牀
是一種自動化
機牀。

船舶重工業

　　大連船舶重工集團有限公司已有一百二十多年
的歷史，它創造了中國造船史上很多個「第一」，如
第一艘導彈潛艇、第一艘導彈驅逐艦等。

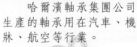

哈爾濱軸承集團公司
生產的軸承用在汽車、機
牀、航空等行業。

白山松水 —— 吉林

吉林省，簡稱吉，是中國重要的糧食生產基地和工業基地。

省會：長春
人口：約 2691 萬
面積：約 19 萬平方公里

天佛指山是「菌中之王」松茸菌的家園。

🏛 高句麗王城文化遺址
高句麗王城文化遺址位於吉林集安。

高句麗古墓壁畫

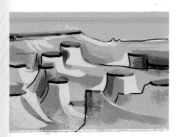

乾安泥林國家地質公園
一座以泥林景觀為主的地質公園，俗名「狼牙壩」，與大布蘇湖毗鄰。

葉赫滿族鎮
四平市的葉赫滿族鎮是滿族重要的發祥地之一。

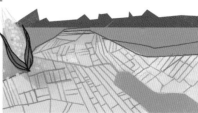

在吉林省的黑土地上，粟米產量極高。東北粟米帶與烏克蘭粟米帶、美國的中部大平原粟米帶並稱「世界三大黃金粟米帶」。

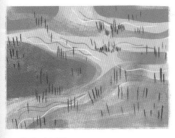

大布蘇湖
位於松嫩平原西部，富含碳酸鈉等鹽鹼物質。

地形地貌
東部為長白山山地，地勢錯綜，多河谷盆地；西部為松遼平原的一部分，地勢微波起伏。

氣候
温帶大陸性季風氣候。

自然資源
山區產木材，且以人參、貂皮、鹿茸等特產著名，並產東北虎、梅花鹿、紫貂等珍稀動物。

猞猁

人參、貂皮、鹿茸被稱為「東北三寶」，吉林省是其主要產地之一。

松子

長白山區盛產松子，梅河口市採松子、食松子的傳統源遠流長，是重要的松子集散地。

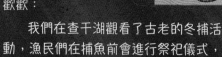

歡歡：

　　我們在查干湖觀看了古老的冬捕活動，漁民們在捕魚前會進行祭祀儀式，隨後的捕魚場面也十分壯觀。

希希

東北秧歌

東北人民喜愛的一種民間舞蹈形式。

鍋包肉

豬肉燉粉條

東北大拉皮

　　盪鞦韆、跳板是朝鮮族同胞喜愛的活動。

踩高蹺

　　廟會上常見的一種民間藝術表演。

　　吉林松原是全國著名的水稻產區。

打糕

　　朝鮮族的一種風味食品，是將糯米蒸熟後，放打糕槽內或石板上，用打糕槌子打製而成的。

在延邊朝鮮族自治州，生活着能歌善舞的朝鮮族同胞。他們愛吃打糕、冷麵、泡菜、明太魚；遇到喜慶事，就穿上民族服裝，跳起長鼓舞等民族舞蹈來慶祝。

「北國春城」—— 長春

長春市是中國著名的老工業基地，有眾多的歷史古跡、工業遺產和文化遺存。

紅旗創新大廈是一個「智能化全場景數字展館」，展現了紅旗汽車的發展歷史、設計理念等，其外形像一個車輪。

新中國汽車工業的搖籃

長春素有「汽車城」的美譽。中國第一汽車集團有限公司就坐落在長春，被稱為「新中國汽車工業的搖籃」。

金鹿獎獎盃

中國第一汽車集團有限公司的前身為第一汽車製造廠，毛澤東主席親筆題寫「第一汽車製造廠奠基紀念」。

「工農兵」雕塑是長春電影製片廠的廠徽。

電影事業從這裏起步

長春電影製片廠是新中國電影事業的搖籃，早期曾拍攝《五朵金花》《英雄兒女》等大批優秀電影作品，影響了幾代人的成長。長春電影節是中國第一個以城市命名的電影節，最佳獎項為「金鹿獎」。

淨月潭國家森林公園

淨月潭位於長春市區東南部，潭面廣闊，風景優美。淨月潭國家森林公園內各種植物與山、水相依，還放養梅花鹿等動物。

長影世紀城

長影世紀城是中國一個著名的影視基地，同時也是集科技、冒險、演藝、觀光於一體的特效電影主題公園，在這裏能夠看到許多用於影視拍攝的道具，如黃包車等。

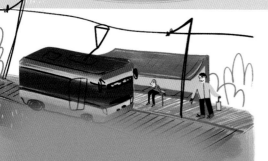

長春人的記憶

長春市的有軌電車已經有七八十年的歷史，在很長時間裏都是市區重要的交通工具，它承載着眾多長春人的記憶。

長春世界雕塑公園匯聚了來自世界很多國家的雕塑作品。在這裏，你可以觀賞名家傑作、品味世界文化。

太陽鳥雕塑是長春文化廣場的標誌性建築。

吉林省有個吉林市

吉林市是中國唯一一個與省同名的城市，市內有山有水，冬季更有聞名全國的霧淞奇觀，因此它又被稱為「霧淞之都」。

霧淞大橋

江灣大橋

寬闊的江及大橋為吉林市帶來了不一樣的風光。

松花江畔的霧淞奇觀

在吉林市區，松花江穿城而過，每到冬季，江面上升騰起來的水汽在樹上凍結成白色的冰晶，稱為「霧淞」，當地人也叫「樹掛」。

霧淞島是觀賞霧淞的好地方。

山間美景松花湖

松花湖是松花江上游的人工湖，水域遼闊，一年四季都有不同的風光。湖畔的松花湖滑雪場是中國著名的滑雪場。

豐滿水電站曾是中華人民共和國建立初期續建完成的當時國內最大的水電站。

乘坐松花湖滑雪場的空中載人索道，跨越茫茫林海，可俯瞰市區。

到北山廟會逛一逛

北山位於吉林市區的西北面，是著名的城區森林公園。在北山公園舉辦的廟會有着悠久的歷史，而且規模大、活動多，廟會上有雜技、東北秧歌等表演，還有很多特色產品和風味小吃。

吉林煎粉

吉林的一種特色小吃，人們常將其與茶葉蛋和雞湯豆腐串搭配食用。

吉林彩繪雕刻葫蘆

以當地特產的葫蘆為雕刻原料，經打皮、繪畫、刻製、打磨、着色、彩繪、着漆等步驟製作而成。

康樂果

以粟米為原料做成的康樂果是很多小朋友喜愛的零食。

17

美麗的長白山

長白山位於中國遼寧、吉林、黑龍江三省東部和中朝邊境地區，因主峯多白色浮石和積雪而得名，松花江、圖們江、鴨綠江皆發源於此山。

長白山溫泉眾多，有些溫泉的水溫可高達 80℃，甚至可以煮雞蛋。

火山景觀

長白山主峯周圍的熔岩台地上，散落着 100 多座小火山，與長白山一起構成了壯觀的火山羣。

冬季的室外溫泉

長白山地殼下岩漿所傳遞出的熱量，使這裏形成了眾多溫泉。冬天泡溫泉最有意思，「泉外雪花飄飄，泉裏熱氣繚繞」，令人感覺十分愜意。

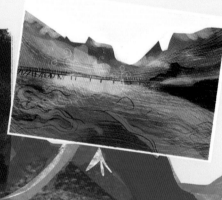

長白山天池

長白山天池是因積水灌滿火山口形成的。湖水由北部缺口——闥門流出，泄入松花江上游的二道白河，形成壯觀的大瀑布，這就是長白瀑布。

天池的水一部分來自大氣降水，一部分來自地下水。

炭化木遺址

在長白山自然保護區內曾發現大面積集中分佈的炭化木。有專家認為，這是很久之前長白山火山大爆發的遺跡。

長白山錦江大峽谷

原有的錦江河谷中堆積了長白山火山很久之前大爆發的火山碎屑流狀堆積物、浮岩和火山灰，經流水切割、剝蝕等作用形成峽谷地貌。

長白松

長白山北坡谷底森林的獨有樹種，又叫「美人松」。

人參

一種名貴的中藥材，在中藥中被譽為「百草之王」。人參的植株會結出小紅果實。它的根可入藥，人參葉可製成人參茶飲用；花蕾可製成人參花飲，是一種滋補飲料；種子的脂肪油可作藥用油。

長白山植被的垂直分佈

長白山的植被垂直分佈變化明顯，自下而上是針闊葉混交林帶、針葉林帶、山地岳樺林帶和山地苔原帶。得天獨厚的自然環境為梅花鹿、人參等野生動植物提供了一片樂土。很久以前就有人在長白山「抬參」（即挖野山參），當地人稱進山挖野山參為「放山」。

長白山海拔兩千米左右的山坡上如同空中花園，黃白色的牛皮杜鵑花是繁花中具有代表性的一種。

深入茫茫的林海雪原

大興安嶺、小興安嶺和長白山一帶是中國著名的林區，又因為東北地區緯度高、冬季降雪多，因此常被稱為「林海雪原」。

林海雪原

大興安嶺和小興安嶺山體相連，大致呈「人」字形。這裏冬季漫長，氣溫極低，適宜耐寒樹木的生長，如樟子松、白樺、楓樹、紅松等，森林資源豐富，被譽為「綠色林海」，是中國重要的林業基地之一。

小興安嶺每到秋季層林盡染，乘坐森林小火車能夠一睹沿途風光。

紅松子

紅松的種子，包裹在松塔裏。紅松塔生長於樹的頂端，採摘十分不易。

紅松

高可達 40 米，是一種珍貴而古老的樹種，產於長白山至小興安嶺地帶。

鹿茸

一種名貴的中藥材，是雄性梅花鹿或馬鹿等的尚未骨化的幼角。

紫貂

野生動物的天堂

蒼茫葱鬱的林區中生活着種類繁多的野生動物，有美麗的黑嘴松雞、花尾榛雞，自在奔跑的紫貂、梅花鹿、駝鹿、猞猁，可愛的松鼠、麅子，還有黑熊和棕熊等。

黑嘴松雞

黑嘴松雞棲息於高山林帶，尤其是稠密的白樺林。牠被列為國家一級保護動物。

麋鹿

中國特有的一種珍稀動物，因為牠頭像馬非馬、角像鹿非鹿、蹄像牛非牛、身像驢非驢，因此又叫「四不像」。

仙人柱

也稱「撮羅子」，鄂倫春等少數民族同胞遊獵時的住房，可以隨時搭建或拆卸。它通常是用木杆搭架，覆蓋白樺樹皮或獸皮搭建而成的，屋內的火塘可以用來煮食和取暖。

麅

也稱作「狍」。體長1米多，尾巴短。冬天毛長，呈棕褐色；夏天毛短，呈栗紅色。

駝鹿

鹿科動物中體型最大的種類。

放排和儲木場

過去，人們借助水流來運送木材，並將這種方式稱為「放排」。如今為保護林區物種，中國已禁止商業性砍伐。

鄂倫春族的交通工具比較簡單，有滑雪板、扒犁、樺皮船等。

樺皮船

中國北極藍莓

大興安嶺地區盛產中國北極藍莓。

林海深處的少數民族

黑龍江的北部、西部居住着鄂倫春族、鄂溫克族等少數民族同胞。鄂倫春族同胞舊時主要從事遊獵，部分從事農業；鄂溫克族同胞主要從事畜牧業和農業，有少數人從事狩獵業和飼養馴鹿。

樺樹皮畫

用白樺樹剝落的樹皮創作而成。

白山黑水——黑龍江

省會：哈爾濱
人口：約 3751 萬
面積：約 46 萬平方公里

黑龍江省，簡稱黑，在中國東北地區北部，北部和東部與俄羅斯為鄰。省內河流主要屬於黑龍江水系，木材、礦產等資源豐富。

大興安嶺
中國重要的林業基地之一，有茂密的原始森林。

火炕
東北地區常見的取暖設備，利用爐灶的煙氣通過炕體內的煙道取暖。

黑龍江省濕地分佈廣泛，吸引了很多動物在此棲息。

東北虎
在虎的諸亞種中體型最大。與虎的其他亞種相比，性情最溫順，膽量最小。牠屬於國家一級保護動物。

中國現代小說家蕭紅生於黑龍江，出版過《呼蘭河傳》等著名小說。

地形地貌
東部和東南部有小興安嶺、張廣才嶺和完達山等。西部為松嫩平原，有肥沃的黑土。東部黑龍江、松花江及烏蘇里江合流處形成「三江低地」，多沼澤分佈。

氣候
大部分屬溫帶大陸性季風氣候，北部屬寒溫帶大陸性季風氣候。

自然資源
山區木材積蓄量豐富，並產珍貴毛皮獸以及人參等藥材。礦產有煤、石油、金等。

鑽天柳
也稱「朝鮮柳」，高度可達 30 米，生長得很快。

撫遠魚市
冬季的撫遠魚市上，魚被凍住，立在筐中。

中國長春鐵路
簡稱「中長鐵路」，其佈局呈「丁」字形。

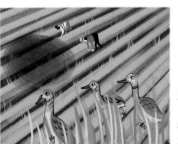

五常大米
五常市水稻種植廣泛，五常優質大米享譽省內外。

哈爾濱紅腸

　　紅腸原產於俄羅斯等國，因顏色火紅而得名。

小雞燉蘑菇

烤冷麵

酸菜

　　由白菜醃漬而成。

親愛的外婆：

　　黑龍江的冬季真的太冷了，但也只有冬季才是最好玩的，我們暢玩了冰雪大世界，還學會了冰下捕魚的技術呢。

希希

　　黑龍江省有廣闊的松嫩平原和三江平原，土地肥沃，而且河流眾多，水資源豐富，盛產大豆、高粱、粟米、水稻等農作物，為中國最大的商品糧基地。正如歌曲《松花江上》所唱的：「那裏有森林、煤礦，還有那滿山遍野的大豆、高粱……」

威虎山

　　小說《林海雪原》中「智取威虎山」故事的發生地，裏面楊子榮和座山雕的人物形象可謂家喻戶曉。

黑鈣土

　　在大興安嶺東西兩側、松嫩平原中部、松遼分水嶺地區分佈較為集中，它包含深厚的腐殖質層和碳酸鈣澱積層，土質肥沃。

23

充滿異域風情的哈爾濱

20世紀初中東鐵路及其支線建成，哈爾濱以此為交會點，逐漸發展成為東北北部經濟中心和國際商埠。市內的各式建築讓它具有濃濃的異域風情。

中央大街

中央大街是哈爾濱繁華的商業步行街，至今已有百餘年的歷史。其街道兩側匯集了文藝復興、巴洛克等多種風格的建築，如同一條建築藝術長廊。

特色小吃

俄羅斯套娃

整條街由方石塊鋪成，如同俄式小麵包。

哈爾濱市人民防洪勝利紀念塔坐落在松花江畔，是為紀念1957年人們戰勝特大洪水而建的。

哈爾濱的冬天很冷，到處都能看到戴厚帽子的人。街上的俄羅斯人也很多。

邊吃馬迭爾冰棍，邊欣賞馬迭爾陽台音樂會的音樂，你是否體會到了這個音樂之都的魅力呢？

哈爾濱東正教堂

哈爾濱東正教堂又稱聖索菲亞教堂，該建築深受拜占庭式風格影響，宏偉壯觀，現被作為哈爾濱建築藝術館。

松花江畔的太陽島風景區

太陽島風景區位於哈爾濱市松花江北岸，有太陽島公園、松鼠島、俄羅斯風情小鎮等景點。俄羅斯風情小鎮的門票還被設計成了護照的樣子。

松花江濱洲鐵路橋

哈爾濱的松花江濱洲鐵路橋被稱為「老江橋」，是道裏、道外兩區的分界橋，如今成了觀光步行橋。

果戈里書店

一個美麗的書店，裏面充滿了濃濃的歐洲古典風味。

哈爾濱大劇院

哈爾濱的一座標誌性建築，其張力十足的曲線結構看上去像極了雪峯。

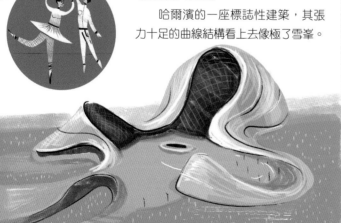

2010 年，哈爾濱市被聯合國授予「音樂之都」的稱號。

歡迎來到冰雪世界

黑龍江的冬季相對較長，降雪量大，積雪期也比較長，呈現出千里冰封的景象，人們也由此創造出豐富多樣的冰雪文化。

冰燈採用的是冷光燈，燈亮時基本不發熱，不會導致冰雕融化。

哈爾濱國際冰雪節

哈爾濱國際冰雪節是以冰雪為載體的地方性節慶活動，由冰雪大世界、太陽島的國際雪雕藝術博覽會等組成，造型各異的冰燈、雪雕展現了哈爾濱的冰雪文化和魅力。人們可以體驗冰扒犁、冰上自行車、攀冰、超長冰滑梯等項目。

採冰

製作冰燈首先要採冰。當地人通常到松花江水質較好的地方去開採天然冰，因為水質決定冰燈的透明度。

抽冰猴

冬泳

冰雪節期間會舉辦冬泳比賽、冰球賽等，還有乘冰帆、抽冰猴活動，為哈爾濱的冬天增添了無盡的活力。

冰球賽

乘冰帆

專業滑雪手在訓練。請勿模仿！

黑龍江亞布力冰雪運動場

黑龍江亞布力冰雪運動場是中國最大的綜合性滑雪場。它位於長白山餘脈的鍋盔山腳下。亞布力冰雪運動場共有高山滑雪、跳台滑雪、越野滑雪等五個比賽及訓練用場地和兩個旅遊滑雪地。

白雪下的村落

皚皚白雪覆蓋着大大小小的村落，其中比較知名的是雪鄉。雪鄉位於黑龍江南部，一年中積雪天數長達 200 多天，積雪最深時超過 2 米。

村子裏的店舖出售冰糖葫蘆、凍秋梨、凍柿子。

太陽島的雪博會有很多精美的雪雕作品，它們都是用人造雪雕成的。

壯觀的跑冰排

春季時，松花江的冰層漸漸融化，形成大小不一的冰塊，它們浩浩蕩蕩地順江而下，當地人稱之為「跑冰排」。

黑土地上的獨特景觀

　　黑龍江是一片神奇的土地，除了人們熟知的黑土地，還有眾多江河湖泊、大片的濕地、廣袤的平原和火山地貌，它們共同構成了獨特的景觀。

廣袤的三江平原

　　三江平原由松花江、黑龍江和烏蘇里江匯流沖積而成，沼澤和沼澤化土地面積廣，是中國重要的農墾區和商品糧基地。曾經的三江平原人煙稀少，後經過大量開墾，成了小麥、大豆、粟米、水稻等糧食作物的重要產地。

小麥

大豆

粟米

　　常被當地人叫作「苞米」。

《烏蘇里船歌》描述的便是赫哲族同胞的生活。

　　赫哲族先民主要活動在松花江、黑龍江和烏蘇里江等流域。他們以從事漁業生產為主，日常吃鮮魚、獸肉。他們的樺皮、魚皮手工藝品很有特色。

魚皮衣

赫哲族先民會用魚皮縫製衣服。

伊瑪堪是赫哲族民間敘事性說唱文學形式，以講唱古史和英雄故事為特色。

丹頂鶴的理想棲息地

扎龍自然保護區是丹頂鶴及其他水禽理想的棲息地，丹頂鶴等是其主要的保護對象。除了丹頂鶴，保護區內還棲息着白頭鶴、白枕鶴、閨秀鶴、白鶴和灰鶴等鶴類。

丹頂鶴是珍稀動物，是很有價值的觀賞動物，已被列為中國國家一級保護動物。

丹頂鶴又稱「仙鶴」，體羽主要為白色，飛羽為黑色，頭頂皮膚裸露，呈朱紅色。

浮岩

浮岩是多孔狀的噴出岩，孔隙多、品質輕，能浮在水面上。

興凱湖

興凱湖是黑龍江最大的淡水湖，位於中俄兩國邊界上。興凱湖被一條沙質湖崗分隔成大興凱湖和小興凱湖。湖中富產大白魚、鯉魚、尖頭紅鮊。

五大連池火山羣

火山噴發時玄武岩阻塞訥謨爾河支流白河，形成的五個銜接如串珠狀的堰塞湖，被稱為「五大連池」。它周邊有十四座火山錐，有「火山博物館」之稱。火山中海拔最高的是南格拉球山，火山口最深的是老黑山。

格拉球山天池是五大連池的標誌性景觀之一。

老黑山四周的熔岩台地，被稱為「石海」。

沿着江河一路向北

沿着黑龍江省內的大江大河一路向北，便可到達中國最北的城市 —— 漠河，沿途有美麗的自然風光，也有著名的「恐龍之鄉」。

鏡泊湖與吊水樓瀑布

牡丹江上游的鏡泊湖是中國最大的熔岩堰塞湖，湖水從熔岩裂口 —— 吊水樓漫溢而出，流出湖區入牡丹江，形成的大瀑布被稱為「吊水樓瀑布」。每逢雨季或汛期，激流飛瀉，十分壯觀。

枯水期的吊水樓露出的岩石台地。

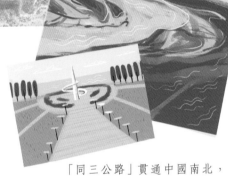

「同三公路」貫通中國南北，其起始點就在同江市。

同江市三江口

同江市的三江口是松花江和黑龍江的匯合處。松花江泥沙較多，呈黃色，黑龍江呈青墨色，兩江匯合之後的雙色江被當作第三條江，這就是「三江口」名字的來由。

嘉蔭恐龍國家地質公園

嘉蔭是中國最早發現恐龍化石的地方，被譽為「恐龍之鄉」。這裏發現的第一具恐龍化石被定名為「黑龍江滿洲龍」，人稱「神州第一龍」。

龍江第一灣景區設有登山步行道，可以俯瞰江灣。

龍江第一灣

黑龍江在漠河一個叫紅旗嶺的地方折成一個完美的「Ω」形江灣，即「龍江第一灣」。這裏山清水秀，環境清幽。

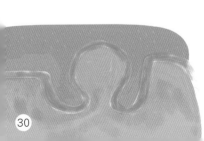

高緯度地區的高空中出現的一種絢麗的彩色光象，是由太陽發出的高速帶電粒子在地球磁場作用下折向南北兩極附近，使高層空氣分子或原子激發或電離而成。

木刻楞民居

北極村的傳統民居，源自俄羅斯。

漠河北極村

漠河市的北極村地處黑龍江上游的南岸，是中國最北端的村子。北極村不僅是一個村子，也是一個座標，吸引中國各地的人們來此「找北」。漠河是全國唯一能夠觀賞北極光和白夜的地方，在北極村的夜晚有可能看到美麗的極光。

北極村的郵局是中國最北的郵局。

潑水成冰

漠河的冬季氣溫很低，在室外潑水即可成冰。

北極哨所

中國最北端的邊防哨所。

北極村有不少關於「北」的刻字，時刻提醒你處在中國的最北部。

東北發現了大油田

在東北廣闊的土地上，發現了大慶油田、遼河油田等多個大油田，讓全國人民歡欣鼓舞。

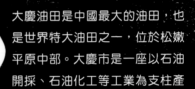

大慶油田

大慶油田是中國最大的油田，也是世界特大油田之一，位於松嫩平原中部。大慶市是一座以石油開採、石油化工等工業為支柱產業的工業城市。

游梁式抽油機

目前油田使用的抽油機，常被稱為「磕頭機」。

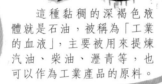

這種黏稠的深褐色液體就是石油，被稱為「工業的血液」，主要被用來提煉汽油、柴油、瀝青等，也可以作為工業產品的原料。

大慶油田開發初期，條件十分艱苦，工人們靠人力架起鑽井機。

松基三井井址

松基三井噴出工業油流，標誌着大慶油田的發現。

鐵人王進喜紀念館

　　介紹了王進喜的生平業績及其通過實踐所體現出的「鐵人精神」。

大慶石油館

　　由上海世界博覽會石油館整體遷建而來，俗稱「油立方」。夜幕降臨後，外牆上會變換「磕頭機」、鐵人塑像等不同的圖案。

鐵人精神

　　大慶油田的石油工人王進喜可謂家喻戶曉，他曾跳入泥漿池用自己的身體控制井噴，被譽為「鐵人」。在油田開發建設過程中，王進喜帶領大慶石油工人克服重重困難，為祖國的石油事業奉獻青春，取得了令世人矚目的輝煌成就，這種愛國、創業、求實、奉獻的精神被稱為「鐵人精神」。

有條件要上，沒有條件創造條件也要上！

王進喜

遼河油田

　　遼河油田主要分佈在遼河中下游平原，曾經是中國的第三大油田。遼寧西部的盤錦市也是因油而興盛起來的城市，在盤錦紅海灘廊道上能看到遼河油田高聳的井架、抽油機和縱橫交錯的輸油管道。

輸油管道好長啊！

松子是怎麼來的

我要把松子藏起來。

在中國，好吃的松子大都來自東北地區。那裏松樹種類很多，長得非常高大，而且幾乎都是野生的，以小興安嶺地區的紅松松子品質最好。你知道長在高大松樹上的松子是怎麼被採摘下來的嗎？

打松塔是一項非常危險的工作。松塔往往長在高高的樹頂上，採塔人要爬上去用打塔竹竿打松塔。

松塔

松樹的毬果，形似塔，松子就藏在裏面。

紅松高達 40 米，人們上樹時要在腿上綁上「腳扎子」，依靠它攀爬上樹。